神秘教室

SHENMI JIAOSHI

发现动物的秘密

FAXIAN DONGWU DE MIMI

知识达人 编著

成都地图出版社

图书在版编目（CIP）数据

发现动物的秘密 / 知识达人编著 . — 成都：成都
地图出版社 , 2017.1（2021.5 重印）
（神秘教室）
ISBN 978-7-5557-0483-6

Ⅰ . ①发… Ⅱ . ①知… Ⅲ . ①动物－普及读物 Ⅳ .
① Q95-49

中国版本图书馆 CIP 数据核字 (2016) 第 213133 号

神秘教室——发现动物的秘密

责任编辑：王　颖
封面设计：纸上魔方

出版发行：成都地图出版社
地　　址：成都市龙泉驿区建设路 2 号
邮政编码：610100
电　　话：028－84884826（营销部）
传　　真：028－84884820

印　　刷：固安县云鼎印刷有限公司
（如发现印装质量问题，影响阅读，请与印刷厂商联系调换）

开　　本：710mm×1000mm　1/16
印　　张：8　　　　　　　字　　数：160 千字
版　　次：2017 年 1 月第 1 版　印　　次：2021 年 5 月第 4 次印刷
书　　号：ISBN 978-7-5557-0483-6
定　　价：38.00 元

前 言

////////////////////////////////

在生活中，你是否遇到过一些不可思议的问题？比如怎么也弯不了的膝盖，怎么用力也无法折断的小木棍。你肯定还遇到过很多不理解的问题，比如天空为什么是蓝色而不是黑色或者红色，为什么会有风雨雷电。当然，你也一定非常奇怪，为什么鸡蛋能够悬在水里，为什么用吸管就能喝到瓶子里的饮料……

我们想要了解这个神奇的世界，就一定要勇敢地通过实践取得真知，像探险家一样，脚踏实地去寻找你想要的那个答案。伟大的科学家爱因斯坦曾经说："学习知识要善于思考，思考，再思考。"除了思考之外，我们还需要动手实践，只有亲自动手获得的知识，才是真正属于自己的知识。如果你亲自动手，就会发现膝盖无法弯曲和人体的重心有关，你也会知道小木棍之所以折不断，是因为用力的部位离受力点太远。当然，你也能够解释天空呈现蓝色的原因，以及风雨雷电出现的原因。

一切自然科学都是以实验为基础的，从小养成自己动手做实验的好习惯，是非常有利于培养小朋友们的科学素养的。让我们一起去神秘教室发现电荷的秘密、光的秘密、化学的秘密、人体的秘密、天气的秘密、液体的秘密、动物的秘密、植物的秘密和自然的秘密。这就是本系列书包括的最主要的内容，它全面而详细地向你展示了一个多姿多彩的美妙世界。还在等什么呢，和我们一起在实验的世界中畅游吧！

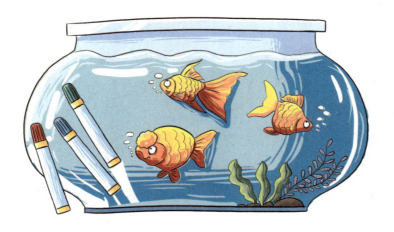

目 录

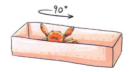

冻不坏的鸭脚

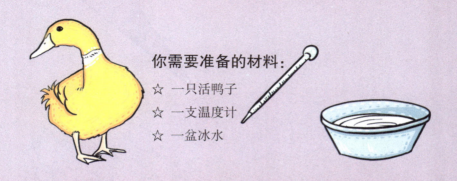

你需要准备的材料：

☆ 一只活鸭子

☆ 一支温度计

☆ 一盆冰水

◎ 实验开始：

1. 用温度计量量鸭子的体温，记录下来；

2. 将鸭子的双脚放在冰水当中；

3. 三十分钟后，拿出鸭子的双脚；

4. 此时再次量鸭子的体温，并观察鸭子的双脚是否被冻坏。

◎ 有趣的发现：

鸭子的体温仍然保持在42℃左右，而且，鸭子的双脚在冰水里浸泡后也没有被冻坏。

42℃

皮特问："鸭子的体温难道不会变吗？"

艾米丽："是啊，它的脚冻不坏会不会与恒温的身体有关系啊？"

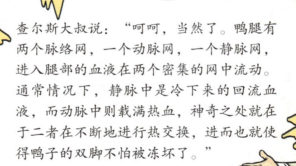

查尔斯大叔说："呵呵，当然了。鸭腿有两个脉络网，一个动脉网，一个静脉网，进入腿部的血液在两个密集的网中流动。通常情况下，静脉中是冷下来的回流血液，而动脉中则载满热血，神奇之处就在于二者在不断地进行热交换，进而也就使得鸭子的双脚不怕被冻坏了。"

鸭子主要生活在水中，这要得益于它们的蹼。鸭脚的三个前趾之间有鸭蹼相连，而且鸭子的胸、腹宽广而平坦。这种体态使它们适合在水中生活。

细心的人会发现，鸭子走路时总是昂头挺胸却一摇一摆蹒跚前进。这是因为它们在水里游泳时，除了用鸭蹼增大与水的接触面积以加大前进的推动力外，还要使脚本身向后移，使力的作用点往后，这样才能保持平稳地前进。久而久之，鸭脚也就长得靠近身体后部了。这样一来，鸭子在地面上如果想放平身体，就会重心太靠前使自己因前倾而跌倒。因此，鸭子必须把身体挺起后仰，使身体的重心后移到双脚的中间，以保持身体的平衡。可是鸭子的腿比较短，向前走时就会连身体也一起摆动。

皮特："人为什么就不能拥有一双鸭子的脚呢？"

艾米丽："要鸭子的脚干什么？"

皮特："这样我们就能像它们那样擅长游泳了。"

威廉："你真的想要吗？如果那样的话，那么你走起路来就跟鸭子一样了，你愿意吗？哈哈！"

皮特："那……那还是算了吧！"

皮特羞红了脸，威廉和艾米丽在一旁大笑起来。

蜜蜂能发热吗

你需要准备的材料:

☆ 一个蜂巢
☆ 一支温度计

◎ **实验开始:**

1．早晨，把温度计插到蜂巢的中心范围里量一下温度（在没有蜜蜂的时候做实验，因为蜜蜂会蜇人）；

2．再量一下外界温度；

3．等中午天气变暖后，量一下蜂巢温度；

4．再量一下外界温度；

5．比较两次的蜂巢温度，你会发现什么？

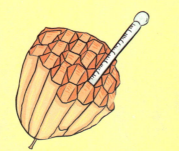

◎有趣的发现：

你会惊奇地发现，无论早晨还是中午，蜂巢子圈范围内的温度总是维持在35℃到36℃之间，它不会随着外界的温度而改变。

皮特好奇地问："奇怪了，难道蜜蜂有特异功能？"

威廉："是啊，想不明白。"

艾米丽："还是请教一下查尔斯大叔吧。"

查尔斯大叔说："呵呵，每一只蜜蜂都是一个小小的发热器。当蜂巢中的工蜂通过运动发热时，会产生许多的热量。当千万只蜜蜂集结在蜂巢里时，实际上就造成了一个与外界相对隔绝的小气候。工蜂对巢温的变化有极其敏锐的感觉：当子圈里的温度降低时，它们会相应向子圈集中，以减少散热面，同时工蜂通过运动发热，使子圈温度不再降低；当子圈里的温度升高时，它们会相应地散开，增加散热面，使子圈温度不再升高。"

当外界气温继续升高，工蜂用疏散的办法还不能达到降温的目的时，许多工蜂就会在巢脾上、巢框上、箱壁上和巢门口不停地扇动翅膀，好像人们在夏天扇扇子驱暑一样。

特别有趣的是，在炎热的夏季，当工蜂用扇风的方式还不足以降温时，一部分工蜂就会出巢寻找水源。它们将采回巢的水珠分散在巢内各处。另外一部分工蜂同时加强扇风，促进水分的蒸发，带走大量热量，使子圈的温度不再升高。

皮特："有蜜蜂真好，冬暖夏凉，我要在屋子里养好多好多的蜜蜂。"

艾米丽："而且还有蜂蜜吃。"

威廉："那怎么行呢，你们不怕被蜜蜂蜇成胖子呀？"

虫子被蜘蛛吃了

你需要准备的材料：

☆ 一个望远镜

◎ **实验开始：**

1. 找到一张蜘蛛网；
2. 用望远镜观察蜘蛛网。

◎ 有趣的发现：

蜘蛛网上面挂着许许多多白色的空壳。

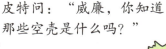

皮特问："威廉，你知道那些空壳是什么吗？"

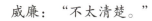

威廉："不太清楚。"

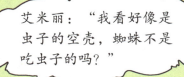

艾米丽："我看好像是虫子的空壳，蜘蛛不是吃虫子的吗？"

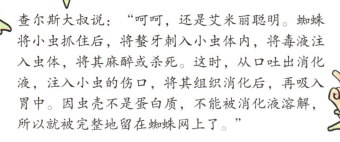

查尔斯大叔说："呵呵，还是艾米丽聪明。蜘蛛将小虫抓住后，将螯牙刺入小虫体内，将毒液注入虫体，将其麻醉或杀死。这时，从口吐出消化液，注入小虫的伤口，将其组织消化后，再吸入胃中。因虫壳不是蛋白质，不能被消化液溶解，所以就被完整地留在蜘蛛网上了。"

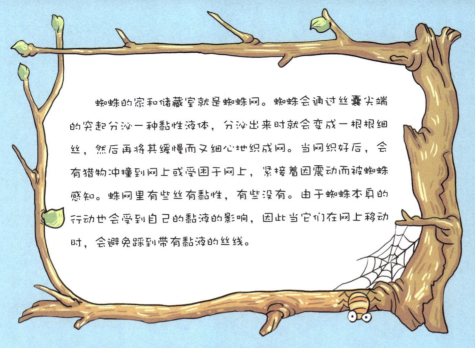

蜘蛛的家和储藏室就是蜘蛛网。蜘蛛会通过丝囊尖端的突起分泌一种黏性液体，分泌出来时就会变成一根根细丝，然后再将其缓慢而又细心地织成网。当网织好后，会有猎物冲撞到网上或受困于网上，紧接着因震动而被蜘蛛感知。蛛网里有些丝有黏性，有些没有。由于蜘蛛本身的行动也会受到自己的黏液的影响，因此当它们在网上移动时，会避免踩到带有黏液的丝线。

皮特："蜘蛛真是太可恶了！"

艾米丽："为什么？"

皮特："连吃肉都这么挑！"

威廉："人家是聪明。哪像你呢，吃了一堆垃圾食品。"

看，螃蟹横着走

你需要准备的材料：

☆ 一只螃蟹
☆ 一个狭窄的盒子

◎ **实验开始：**

1．将螃蟹放在地面上，看它怎么走路；

2．将螃蟹放在一个宽度刚好能容下它身体的盒子里，看它怎么走路。

◎ **有趣的发现：**

螃蟹在地面上只会横着走路，不会向前走路。被放在盒子里后，螃蟹会转过身子来，继续横着爬，看来它真的不会像其他动物一样向前爬。

皮特："奇怪，螃蟹怎么横着走啊？"

威廉："它不会向前走吗？好奇怪啊！"

查尔斯大叔笑着说："是的。螃蟹的头部和胸部从外表上无法区分，因而叫头胸部。大多数的蟹，头胸部的宽度都会大于长度，因而爬行时只能令一侧步足弯曲，用足尖抓住地面，另一侧步足向外伸展，当足尖够到远处地面时便开始收缩，而原先弯曲的一侧步足则马上伸直，把身体推向相反的一侧。而螃蟹的附属肢就长在身体两侧，由于这几对附属肢的长度是不同的，所以螃蟹实际上是向侧前方运动的。"

在生物分类学上，螃蟹与虾、龙虾、寄居蟹是同类的动物。螃蟹是甲壳类动物，它们的身体被硬壳保护着。螃蟹靠鳃呼吸。绝大多数种类的螃蟹生活在海里或靠近海洋的地方，也有一些螃蟹栖于淡水中或住在陆地上。母蟹在繁殖期会产很多的卵，数量可达到数百万粒以上。螃蟹是依靠地磁场来判断方向的。

前进

皮特："威廉，我怀疑你跟螃蟹有亲戚关系！"

威廉："为什么？"

艾米丽："这还不明白？因为你写的字就像螃蟹爬出来的痕迹，总是朝向侧前方，像在爬坡似的。"

螃蟹吐泡泡了

你需要准备的材料：

☆ 一只螃蟹

☆ 一个水盆

◎ 实验开始：

1．到市场买一只螃蟹；

2．将买回来的螃蟹放在水盆里；

3．五分钟后，将螃蟹拿出水盆。

◎ 有趣的发现：

螃蟹刚被拿出水盆后，没有什么反应；过了一会儿，它开始不停地吹泡泡。

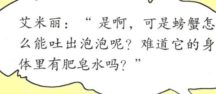

皮特："好多泡泡啊，就像用肥皂水吹出来的一样。"

艾米丽："是啊，可是螃蟹怎么能吐出泡泡呢？难道它的身体里有肥皂水吗？"

查尔斯大叔说："其实泡泡是因为螃蟹独特的呼吸方式产生的。螃蟹用鳃呼吸，它的鳃隐藏在壳下面，像海绵一样，能吸进很多的水，鳃里的水被消耗掉里面的氧气后，就会从螯足的底部流回体内。在水流经过体外时，新鲜的氧气又会融进去。可是时间长了，螃蟹鳃里的水会渐渐减少。这时螃蟹就会抽动嘴和鳃，试图吸收水分，可是却吸进了大量的空气，空气与鳃里的水混合，便形成了许多的气泡。另外，它靠鳃里的水在陆地上生活。"

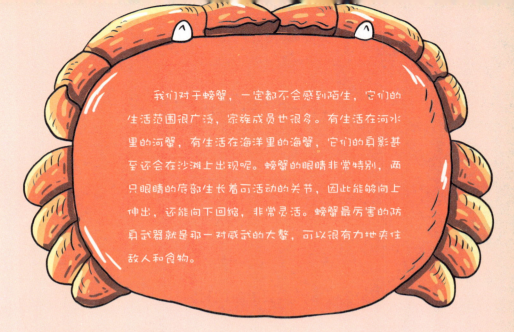

我们对于螃蟹，一定都不会感到陌生，它们的生活范围很广泛，家族成员也很多。有生活在河水里的河蟹，有生活在海洋里的海蟹，它们的身影甚至还会在沙滩上出现呢。螃蟹的眼睛非常特别，两只眼睛的底部生长着可活动的关节，因此能够向上伸出，还能向下回缩，非常灵活。螃蟹最厉害的防身武器就是那一对威武的大螯，可以很有力地夹住敌人和食物。

皮特："第一个吃螃蟹的人应该很幸福。"

艾米丽："是啊，味道那么鲜美！"

威廉："别异想天开了，第一个吃螃蟹的人是要冒很大风险的，如果有毒的话，那么是会丢掉性命的。"

不晕头的啄木鸟

你需要准备的材料:

☆ 一个望远镜

◎ 实验开始:

1. 用望远镜观察公园里的树;

2. 发现啄木鸟后用望远镜观察它的嘴和它的活动。

◎有趣的发现：

啄木鸟的嘴特别长，它停在树上后，会不停地用长长的嘴敲击树干，声音很响。

皮特问："啄木鸟的嘴怎么那么长呢？"

威廉："啄木鸟为什么老是用嘴敲击树呀？"

艾米丽："它不怕得脑震荡吗？"

查尔斯大叔说："它们当然不怕了。啄木鸟是一种专门吃树上的虫子的益鸟，因其嘴特别尖硬，像凿子一样，使藏得浅的虫子无处遁形。而对付藏得深的虫子，则会不断地敲击树干，直到被震得晕头转向的虫子从洞里爬出来自投罗网。但这并不会使啄木鸟受伤，因为啄木鸟的头部有一套严密的防震装置。它的头颅坚硬，但骨质却像海绵一样疏松而充满气体，而且颅内还有一层减震的脑膜，头部两侧有强大的肌肉带。于是就不怕震荡了。"

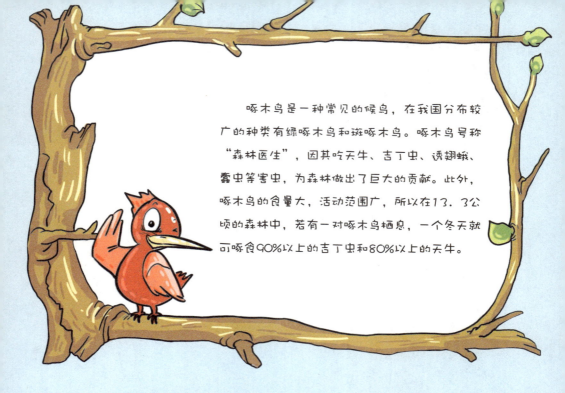

啄木鸟是一种常见的候鸟，在我国分布较广的种类有绿啄木鸟和斑啄木鸟。啄木鸟号称"森林医生"，因其吃天牛、吉丁虫、透翅蛾、象虫等害虫，为森林做出了巨大的贡献。此外，啄木鸟的食量大，活动范围广，所以在13.3公顷的森林中，若有一对啄木鸟栖息，一个冬天就可啄食90%以上的吉丁虫和80%以上的天牛。

皮特："啄木鸟真是益鸟！"

艾米丽："是啊，总有一天，树上不会再有害虫！"

威廉："那还不得把啄木鸟饿死！"

昆虫总往玻璃上撞

你需要准备的材料：

☆ 一只苍蝇

☆ 一只蝴蝶

☆ 一只蜻蜓

◎ **实验开始：**

1．将这三只昆虫放在一间有玻璃的屋子里；

2．观察它们的举动。

◎ **有趣的发现：**

三只昆虫无一例外地都飞向了玻璃，并且
总是在玻璃上撞来撞去。

皮特问："怎么回事
啊？它们想出去吗？"

威廉："真有意思，难道
它们的眼睛看不见吗？"

查尔斯大叔："大多数昆虫都有趋光性，
苍蝇、蝴蝶、蜻蜓都是如此。又因它们眼
睛的构造独特，致使其看不见玻璃，所以
往往把明亮的玻璃窗视为逃跑的出口。结
果就一头撞在玻璃上了。"

与人的球形眼睛相比，苍蝇的眼睛是半球形的。这意味着蝇眼不能像人眼那样转动，而要靠脖子和身子的转动，才能对焦到物体上面。同时，我们通过观察即可知道，苍蝇的眼睛没有眼窝，也没有眼皮，它们眼睛外层的角膜是直接与头部的表面连在一起的。而且从外表看上去，表面是光滑平整的。但如果把它放在显微镜下观察，就会发现蝇眼是由许多个小六角形的结构拼成的。而微妙之处就在于每个小六角形都是一只小眼睛，在一只蝇眼里，大约有3000多只小眼，一双蝇眼就有6000多只小眼。我们称这种由许多小眼构成的眼睛为复眼。世界上差不多有1/4的动物都是用复眼看东西的，通常情况下，甲壳动物的眼睛都是复眼。

皮特："哈哈，这下我知道怎么更好地灭蝇了。"

艾米丽："有什么办法？"

皮特："我给玻璃通上电，电死它们。"

查尔斯大叔："玻璃能通电吗？"

皮特："这个……我还不清楚。"

威廉："你还是学好知识再灭蝇吧。"

灵敏的兔子

你需要准备的材料：

☆ 一只小兔子

☆ 一间空旷而安静的房间

◎ **实验开始：**

1. 将小兔子放到房间里；

2. 然后躲在角落里观察它；

3. 轻轻地用手指在地上敲几下，观察兔子的反应；

4. 敲击声音稍微大一点，看兔子的反应。

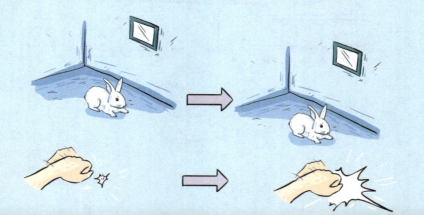

◎有趣的发现：

用手指在地上敲了几下后，兔子就会马上竖起它那长长的耳朵，并朝你躲藏的方向看。稍稍将动静弄大一些，它就会迅速地逃开。

皮特问："为什么会这样？"

艾米丽："是因为听力吗？"

查尔斯大叔说："兔子的敏感来源于它的一对长耳朵。因为耳朵中有许多血管，所以当耳朵周围的空气流动时，血液的温度就会有所下降，这样它就会捕捉到声音。同时，这也可以帮助兔子调节体内的温度。"

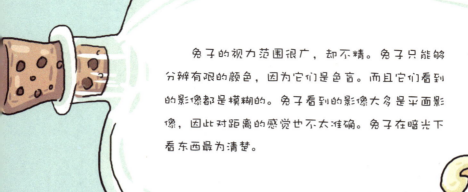

兔子的视力范围很广，却不精。兔子只能够分辨有限的颜色，因为它们是色盲。而且它们看到的影像都是模糊的。兔子看到的影像大多是平面影像，因此对距离的感觉也不太准确。兔子在暗光下看东西最为清楚。

皮特："艾米丽，你真像只兔子。"

艾米丽："你是说我乖巧？"

威廉："他是说你注意力不集中，像兔子一样，有了动静才竖起耳朵听。"

蚂蚁回家了

你需要准备的材料：

☆ 一只蚂蚁

◎ **实验开始：**

1. 捉来一只蚂蚁；

2. 把它放到离蚁巢3米远的地方；

3. 仔细观察蚂蚁的行为。

◎有趣的发现：

用不了多久，蚂蚁就找到了自己的巢穴。

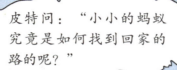

皮特问："小小的蚂蚁究竟是如何找到回家的路的呢？"

威廉："是啊，它不迷路吗？"

艾米丽："我发现蚂蚁走一走就会停下来摇晃触角，我想应该跟这个有关系吧？"

查尔斯大叔说："呵呵，蚂蚁的视觉非常敏锐，它们不但可以利用陆地上的物体来认路，就连太阳的位置和照射下来的日光，都能用来辨认方向。此外，蚂蚁会在它们爬过的地上留下一种气味，在返回时只要循着这种气味，就不会走错路了。而有的蚂蚁虽然不会在爬过的路上留下什么特殊的气味，但是它们能熟记往返道路上的环境的气味，所以也不会迷路。"

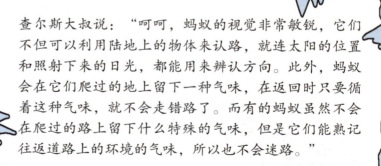

蚂蚁是群居动物，但它们各自都有自己的家。大多数蚂蚁的家是在地面以下，尽管在那里它们不易找到丰富的食物，而且还容易被水淹。许多科学家辛辛苦苦研究几十年，至今不知是何原因。蚂蚁遇见美食时，不仅会尽情享用，而且会全部带走。若一只蚂蚁搬不动时，就会有两只、三只或更多的蚂蚁一起上来，共同搬运。当它们得到食物后，除了充饥外，还会顺着它们的来路秩序井然地爬回它们的家里，将食物拖回贮存起来，供以后食用。

皮特："我看蚂蚁根本没那么神奇！"

艾米丽："哼，有本事你跟它比比看！"

威廉："哈哈，这不是难为他吗！上次搬完家过了一个月他都不能找到自己家的门。怎么跟蚂蚁比呢？"

艾米丽、威廉大笑："哈哈哈！"

小狗肚里的种子

你需要准备的材料：

☆ 一只小狗
☆ 一只装在笼子里的小鸟
☆ 混有西瓜籽的食物

◎ **实验开始：**

1. 将一些西瓜籽掺在食物里喂小狗和小鸟吃；
2. 将它们的粪便分开倒在土里；
3. 几天后观察土里的变化。

◎有趣的发现：

倒在土里的小鸟粪便中的西瓜籽竟然发芽了，可倒小狗粪便的土却没有任何发芽的迹象。

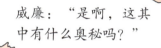

皮特问："为什么啊，它们不是都吃了西瓜籽吗？"

威廉："是啊，这其中有什么奥秘吗？"

查尔斯大叔说："这是由于鸟和狗的消化系统不同所造成的。鸟没有牙齿，也不会分泌唾液、胆汁等消化液，它们最大的消化器官就是沙囊，借助沙粒来磨碎食物。而西瓜籽又比较硬，沙粒不容易把它们磨碎。没有被磨碎的西瓜籽随粪便排出体外，遇到合适的土壤环境就发芽了。而狗是哺乳动物，它们的消化器官比较发达，它们的门齿、犬齿和臼齿可以把食物嚼得很碎，并通过体内其他的消化器官充分地消化西瓜籽，从而破坏了西瓜籽的结构。所以西瓜籽就不能发芽了。"

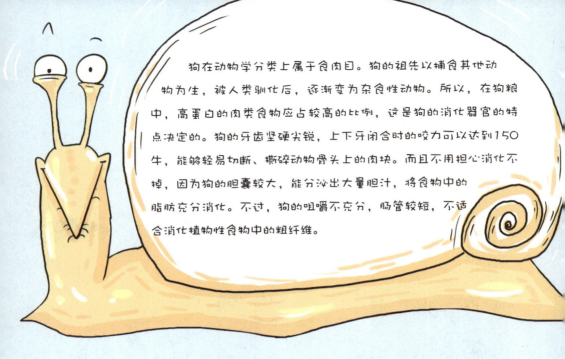

狗在动物学分类上属于食肉目。狗的祖先以捕食其他动物为生，被人类驯化后，逐渐变为杂食性动物。所以，在狗粮中，高蛋白的肉类食物应占较高的比例，这是狗的消化器官的特点决定的。狗的牙齿坚硬尖锐，上下牙闭合时的咬力可以达到150牛，能够轻易切断、撕碎动物骨头上的肉块。而且不用担心消化不掉，因为狗的胆囊较大，能分泌出大量胆汁，将食物中的脂肪充分消化。不过，狗的咀嚼不充分，肠管较短，不适合消化植物性食物中的粗纤维。

皮特：："查尔斯大叔家的那只小狗可讨厌了！"

艾米丽："怎么了呀？"

威廉："皮特新买的袜子就被它咬破了一个口子。他现在还愁着找不着其他干净的袜子穿呢。"

艾米丽："哈哈！谁让你不爱干净，自己的脏袜子都懒得洗呢！"

蜗牛总是吃不饱

你需要准备的材料：

☆ 一只蜗牛

☆ 一块香蕉皮

☆ 一片树叶

◎ **实验开始：**

1. 将蜗牛放在香蕉皮上面，观察香蕉皮的变化；

2. 将蜗牛放在树叶上，观察树叶的变化。

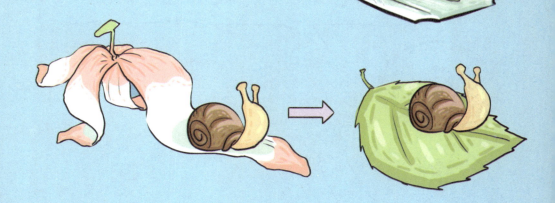

◎ **有趣的发现：**

放在香蕉皮上的蜗牛把香蕉皮上的白色肉层全部吃光了，树叶也被蜗牛吃掉了。

艾米丽："我发现蜗牛的饭量特别大，一直在吃，总也吃不饱的样子。"

威廉："呵呵，蜗牛真是馋鬼。"

查尔斯大叔说："蜗牛给人的印象就是在不停地吃，其实并不是这样。它的舌头就像是一把长了上千根细小倒刺的钢锉，经过之处，都会留下一道道的划痕，因此，即使它没有吃这些东西，也好像是吃过了一样。不过，蜗牛真的很喜欢吃植物的叶子和蔬菜。"

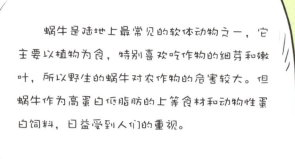

蜗牛是陆地上最常见的软体动物之一，它主要以植物为食，特别喜欢吃作物的细芽和嫩叶，所以野生的蜗牛对农作物的危害较大。但蜗牛作为高蛋白低脂肪的上等食材和动物性蛋白饲料，日益受到人们的重视。

威廉："蜗牛哪儿都好，就是爬得慢！"
艾米丽："谁都会有缺点嘛！"
皮特："对呀，就好比威廉哪儿都好，就是有点胖！"

蚯蚓看不见东西吗

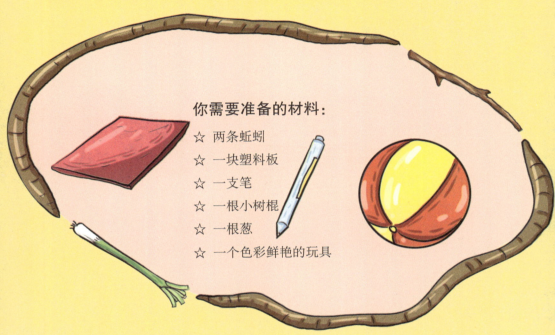

你需要准备的材料：

☆ 两条蚯蚓

☆ 一块塑料板

☆ 一支笔

☆ 一根小树棍

☆ 一根葱

☆ 一个色彩鲜艳的玩具

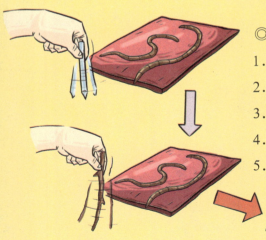

◎ 实验开始：

1. 将两条蚯蚓放在塑料板上；

2. 用笔、小树棍分别在蚯蚓面前晃动；

3. 观察蚯蚓的反应；

4. 把葱和玩具分别摆在它们两侧；

5. 观察蚯蚓的反应。

◎有趣的发现：

用笔、小树棍分别在蚯蚓面前晃动，它们似乎一点都没有察觉。把葱和玩具分别放在两条蚯蚓的两侧，过了约5分钟，两条蚯蚓同时朝葱的方向扭动，最后都钻到葱的底下去了。

皮特："太有意思了！"

威廉："看来蚯蚓爱吃葱啊，嘻嘻。"

艾米丽："为什么它们没有察觉到有东西在它们眼前晃动呢？玩具的颜色那么鲜艳，它们为什么不爬过去，偏偏要往葱下钻？是葱的气味吸引了它们吗？"

查尔斯大叔说："呵呵，蚯蚓由于长期在土壤里生活，几乎见不到光线，眼睛渐渐退化了，所以看不到任何东西。而且，蚯蚓喜欢待在没有光线的地方，葱正好能遮蔽阳光，它们当然会跑到葱下面了。"

蚯蚓以土壤中的有机养分为食，因此经常钻洞，把土壤翻得疏松，这也使得水分和肥料易于进入土壤，从而提高土壤的肥力，更利于作物的生长。蚯蚓还可以作家禽的饲料，它是鸡、鸭喜好的"肉类"食物。同时，蚯蚓也可作鱼饵。不过蚯蚓也有有害的一面。有一种寄生在猪体内的寄生虫——猪肺丝虫，它的幼虫生长发育时，有一段时间是寄生在蚯蚓体内的。因此，在猪肺丝虫病流行的地区，蚯蚓为这种寄生虫的繁殖提供了方便的条件。而且，活蚯蚓传播很多疾病，比如猪的绦虫病和气喘病，禽类的气管交合线虫病、环形毛细线虫病、异次线虫病和楔形变带绦虫病等。

皮特："蚯蚓没眼睛好可怜！"

艾米丽："是啊！"

威廉："没什么好可怜的，它们这也是适应环境而演化来的。它们生活在土里，一片漆黑，有没有眼睛都没多大区别！"

蚂蚁会不会游泳

你需要准备的材料：

☆ 几只蚂蚁

☆ 一盆水

☆ 几片树叶

◎ **实验开始：**

1. 将树叶放在水盆里；

2. 再将蚂蚁放入盆中；

3. 观察蚂蚁的反应；

4. 把树叶拿出去，再观察蚂蚁的反应。

◎有趣的发现：

在水中挣扎的蚂蚁发现树叶后，就向树叶游去，然后爬到了树叶上。如果把树叶拿出去，几分钟后，蚂蚁就会沉入水中。

皮特："看来蚂蚁不会游泳呀！"

艾米丽："它们在水面浮几分钟后，为什么会沉下去呢？"

查尔斯大叔说："蚂蚁是陆生动物。它主要是靠细小的气管进行氧气的供给，来完成呼吸，它的肢体结构不适合做水中运动。蚂蚁虽然怕水，但是因为身上有层油脂，所以在水中还是可以支撑一段时间的。"

别看蚂蚁的个头儿小小的，一滴水就可以将它冲走，一副弱不禁风的样子。但是在蚂蚁家族中，有一个所向披靡的庞大军团，它们就是行军蚁。行军蚁一般生活在南美洲的丛林里，喜欢群居在一起，每个族群的成员能达到几百万只，它们总是不停歇地向前行进，以集体的力量扫清一切障碍。即使是野牛和狮子等大型动物，也对它们唯恐避之不及。

皮特："我要是蚂蚁就好了！"

艾米丽："为什么？"

威廉："很简单，他想像蚂蚁那样勤劳，不想再好吃懒做了！"

兔子不吃肉

你需要准备的材料：

☆ 一只小白兔
☆ 一捆青菜
☆ 一个萝卜
☆ 一块肉

◎ **实验开始：**

1. 将青菜和萝卜放在兔子面前，观察兔子的举动；

2. 将肉放在兔子面前，观察兔子的举动。

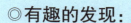

◎有趣的发现：

兔子只吃青菜和萝卜，对肉一点都不感兴趣。

皮特问："兔子不吃肉吗？"

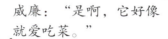

威廉："是啊，它好像就爱吃菜。"

艾米丽："还是问问查尔斯大叔吧。"

查尔斯大叔说："呵呵，其实这都是进化的结果。因为兔子体型小，不方便捕食猎物，久而久之，它们就只吃草了。不过，虽然兔子一般不会吃肉，但如果饿了很长时间的话，也会吃。只是不能吃太多，否则会因为肠胃不具备消化肉食的功能而死去。"

兔子为食草类动物。从营养价值上看，幼嫩时期的牧草营养价值高，粗纤维含量低；成熟期牧草营养价值低，粗纤维含量高。叶片的营养价值高，茎的营养价值低。常见的牧草，如苜蓿草等的粗蛋白含量比提摩西草要高。此外，多汁类水果蔬菜也是兔子喜欢的上等食料。我们都知道兔子最喜欢吃的是多汁类的食料，例如白菜、生菜叶、胡萝卜、香芹等。

艾米丽："我打算去一趟菜市场，你们谁想去？"

皮特："去干什么啊？"

威廉："当然是去买菜啦！"

艾米丽："对，是去买菜，不过是买给小兔子吃的，它可喜欢吃白菜和胡萝卜啦。"

会预报天气的乌龟

你需要准备的材料：

☆ 一只小乌龟

☆ 一个放乌龟的容器

☆ 一个记录本

◎ **实验开始：**

1. 首先买一只小乌龟，放在容器里；

2. 每天观察它的龟壳的干湿程度，同时做好记录；

3. 将每天的天气情况也记录下来；

4. 一段时间后，分析你的记录。

◎有趣的发现：

当乌龟的背部干燥的时候，天气都很不错；当乌龟的背部变得潮湿的时候，往往没过一会儿，天就开始下雨了。

皮特："太神奇了，乌龟难道有特异功能吗？"

威廉："不会吧，乌龟的背部跟天气有关系吗？"

艾米丽："还是问问查尔斯大叔吧。"

查尔斯大叔说："动植物在天气发生变化时，其活动规律和习性会发生一些变化，人们往往根据这些变化来预测天气。拿乌龟来说，变天气时它的背壳就会潮湿，壳上的纹路模糊发暗。当龟壳上有水珠，像是冒汗，就是将要下大雨。而龟壳干燥，纹路清晰，则说明近期不会下雨。这是因为龟身贴地，龟背光滑阴凉，当暖湿空气经过时，会在龟背冷却凝结出现水珠，反之空气干燥，暂不会下雨。"

其实，像乌龟这样能预测天气的动物还有很多，你可以去观察一下猪，如果发现它在上午叼草，就预示着不久后有雨，如果它过午叼草，就预示着会在更短的时间内有雨。

还有羊，如果你看到它只顾低头吃草，不爱走动，这就预示着未来几天内将要下雨。假如你家的鸡迟迟不肯上架，不停在地面走动、觅食，还不时地抖动羽毛，同样预示着将要下雨。蚂蚁要是忙个不停，把挖出的土搬到洞口周围，也说明要下雨了，而且蚂蚁窝做得越高，雨就会下得越大。一种叫黄丝蚁的蚂蚁，很少垒窝，下雨前就会搬家，往愈高处搬，雨就下得愈大。有时，蚂蚁成群结队地向树上爬，这也预示着快要下雨了。

皮特："做一只乌龟真好！"

艾米丽："是啊，那样就会有厚厚的壳做保护了！"

威廉："哼，还不如做一只刺猬呢！"

虾和蟹为什么会变红

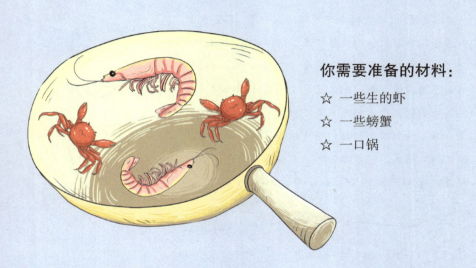

你需要准备的材料：

☆ 一些生的虾

☆ 一些螃蟹

☆ 一口锅

◎ **实验开始：**

1．首先将虾和螃蟹用清水冲洗干净；

2．然后将虾和螃蟹放入开水中煮五分钟；

3．将虾和螃蟹煮熟后，观察它们的颜色。

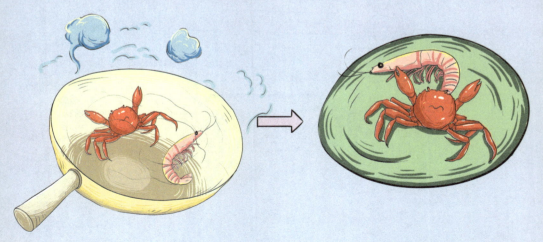

◎ 有趣的发现：

原本全身上下都是青黑色的虾和蟹，煮熟后都变成了鲜艳的橘红色。

皮特问："怎么会变颜色呢？"

威廉："颜色那么红好吓人啊。"

艾米丽："我想应该和它们体内的某种物质有关系吧。"

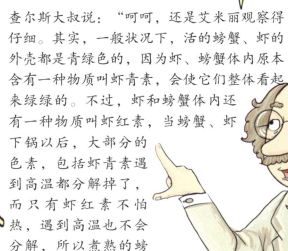

查尔斯大叔说："呵呵，还是艾米丽观察得仔细。其实，一般状况下，活的螃蟹、虾的外壳都是青绿色的，因为虾、螃蟹体内原本含有一种物质叫虾青素，会使它们整体看起来绿绿的。不过，虾和螃蟹体内还有一种物质叫虾红素，当螃蟹、虾下锅以后，大部分的色素，包括虾青素遇到高温都分解掉了，而只有虾红素不怕热，遇到高温也不会分解，所以煮熟的螃蟹、虾就变成红色的了。"

虾蟹体内含有一种原虾红素，属于类胡萝卜素，该色素原为橙红色，但可与不同种类的蛋白质相结合变为红、橙、黄、绿、蓝、紫等其他颜色。当蛋白质被破坏、与原虾红素分离时，原虾红素的颜色就会变回原来的橙红色，因此虾蟹煮熟后，外壳会变为红色。此外，在它们的外壳下面有许多色素细胞，可以显现不同的颜色，更重要的是会随着环境的明暗变化而变化。当环境较亮的时候，色素细胞就会伸张，虾蟹的颜色就比较鲜明。环境较暗的时候，色素细胞就会收缩，虾蟹的颜色看起来也比较不明显。

皮特："我觉得第一个吃虾的人也很了不起！"

艾米丽："当然了！就像第一个吃螃蟹的人一样。"

威廉："有什么了不起！什么都不吃的人才了不起！"

跳出鱼缸的鱼

你需要准备的材料：

☆ 一个鱼缸

☆ 几条金鱼

☆ 几支彩笔

◎ **实验开始：**

1. 当鱼开始往鱼缸外跳的时候，给鱼缸换水；

2. 用彩笔在鱼缸外面涂上一些颜色；

3. 观察鱼的活动。

◎有趣的发现：

换水的办法根本不管用，鱼依然会继续往鱼缸外面跳。但如果将鱼缸的周围涂上颜色，鱼就不再向外跳了。

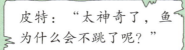

皮特："太神奇了，鱼为什么会不跳了呢？"

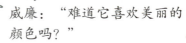

威廉："难道它喜欢美丽的颜色吗？"

查尔斯大叔说："被困在鱼缸里的鱼，透过透明的鱼缸向外看，以为透明的空气就是水，那么宽广，那么清澈，因此它们才想跳出鱼缸。而当我们把鱼缸涂抹上颜色后，它们就不会再看见外面的空气了，也就不会想着外面的美丽世界了，自然不会再有跳出鱼缸的想法了。"

其实，关于鱼跳出鱼缸的说法除了以上的解释之外，还有另外几种说法。一是跳跃是鱼的天性，它们想用这种方法跳出牢笼。二是因为鱼缸内有大鱼，向外跳是为了躲避捕食和争斗。三是鱼的求偶期到了，它们用这种方式来炫耀自己的力量。其中第二种说法肯定站不住脚，因为即便鱼缸里没有大鱼，它们也会往外跳。

皮特："鱼缸里的鱼真是太不自由了！"

艾米丽："你是不是想要放掉它们？"

威廉："才不要呢！换个大鱼缸不就行了！"

虫子会"磕头"

你需要准备的材料：

☆ 一只磕头虫

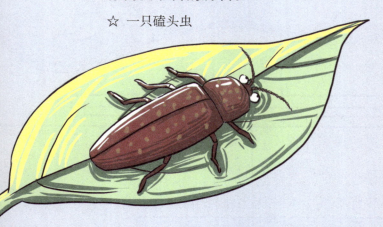

◎实验开始：

1. 抓住磕头虫；
2. 用手轻轻捏住它的肚子；
3. 观察磕头虫的反应。

◎ 有趣的发现：

磕头虫的头和身体不住地向下动，就像磕头一样。

皮特问："它是在向人求饶，希望人放了它吗？"

威廉："好奇怪啊，它真的在磕头吗？"

查尔斯大叔说："有一种虫子，当人们捉住它时，会看见它的头和身体不住地往下磕，就像给人磕头拜年一样，所以人们管它叫'磕头虫'。其实它并非在磕头，而是在遇到危险时的一种身体反应，当磕头虫遇到危险时，身体肌肉会强烈收缩，使前腹向中胸准确地收拢，撞击地面。当它被人捏住时，仍会产生同样的反应，但由于被捉住无法弹跳起来往前翻，只好不停地将头向下'磕'。"

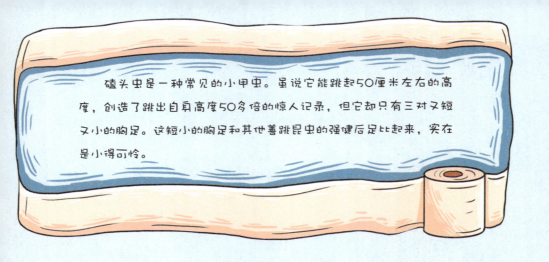

磕头虫是一种常见的小甲虫。虽说它能跳起50厘米左右的高度，创造了跳出自身高度50多倍的惊人记录，但它却只有三对又短又小的胸足。这短小的胸足和其他善跳昆虫的强健后足比起来，实在是小得可怜。

皮特："这个小虫子真可爱。"

艾米丽："是啊，被捉住了就不停的磕头。"

威廉："哈哈，样子滑稽，而且一点不顶事。你说，难道天敌会因为这个而可怜它吗？"

小蝌蚪的尾巴不见了

你需要准备的材料：

☆ 一盆水

☆ 十几只小蝌蚪

◎ 实验开始：

1．从池塘里捞一些刚孵化出来的小蝌蚪；

2．将小蝌蚪放在水盆里观察它们的样子；

3．一段时间后，观察它们的变化。

◎有趣的发现：

刚孵化出来的小蝌蚪有一条长长的尾巴，可以帮助它们在水中游动。9周后，小蝌蚪长出了后腿；12周后，它们的前腿也开始长了出来；到了16周，它们的尾巴就完全不见了。

威廉："奇怪啊，这还是最初抓回来的小蝌蚪吗？"

皮特问："小蝌蚪的尾巴哪里去了？"

艾米丽："它们的样子越来越像青蛙了。"

查尔斯大叔说："呵呵，是啊。蝌蚪小时候的样子和长大后是完全不一样的。蝌蚪小时候没有腿，只有一条长长的尾巴。发育到了一定时期，就会先长出后肢，末端分化出五趾，再从鳃盖部位长出前肢，这样就变成青蛙了。"

有一群可爱的小蝌蚪出生了，但是，谁是它们的妈妈呢？于是，一场有趣而感人的"寻亲之旅"开始了。在把大眼睛的金鱼、白肚皮的螃蟹、四条腿的乌龟甚至大鲇鱼都误认为妈妈后，小蝌蚪们终于找到了它们的妈妈——青蛙。

上面的故事是我国制作的一部水墨动画片《小蝌蚪找妈妈》的主要情节。这部动画片拍摄于1961年，获得了诸多国际国内大奖。

皮特："还是童年好呀！"

艾米丽："为什么？"

威廉："这还用想！童年就像蝌蚪，长大后就成青蛙了。谁愿意变成青蛙啊！"

癞蛤蟆会跳吗

你需要准备的材料：

☆ 一只青蛙

☆ 一只癞蛤蟆

☆ 两只盒子

◎ **实验开始：**

1. 将青蛙和癞蛤蟆分别装入盒子中；

2. 将装青蛙的盒子盖打开，看青蛙怎么从盒子里出来；

3. 将装癞蛤蟆的盒子盖打开，看癞蛤蟆怎么从盒子里出来。

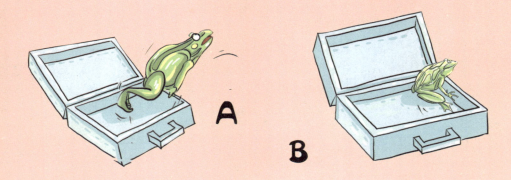

A

B

◎有趣的发现：

青蛙直接从盒子里跳出来了，而癞蛤蟆只能慢吞吞地从盒子里爬出来。原来癞蛤蟆不会跳，只会爬。

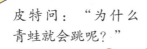

皮特问："为什么青蛙就会跳呢？"

威廉："是啊，难道是癞蛤蟆累了，不想跳吗？"

艾米丽："虽然它们长得挺像，但还是有区别的，还是问问查尔斯大叔吧。"

查尔斯大叔说："呵呵，这是与它们的生活习性有关系的。青蛙经常在水中捕食，需要游泳，于是练就了一双有力的后肢，所以青蛙善于跳跃。而癞蛤蟆喜欢生活在潮湿的陆地上，游泳的机会很少，锻炼后肢的机会也就不多，前后肢的差别不大，所以癞蛤蟆爱爬不爱跳。"

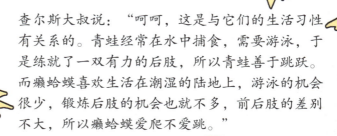

癞蛤蟆学名蟾蜍，皮肤粗糙，背上长满了大大小小的疙瘩。蟾蜍在我国各地均有分布。它们从春末至秋末都会活动，白天它们多潜伏在草丛和农作物间，或在住宅四周及旱地的石块下、土洞中，黄昏时它们常在路旁、草地上爬行觅食。多行动缓慢笨拙，不善游泳，一般匍匐爬行，但在有危险的时候也会小步短距离跳跃。也有一些种类的蟾蜍跳跃能力很强，比如雨蛙科、树蛙科、丛蛙科中的蟾蜍比蛙类善跳而且灵活，滑跖蟾蜍类则可以像蛙类一样跳跃。

皮特："你说为什么青蛙和蟾蜍的差别就这么大呢？"

艾米丽："这怎么说啊？"

威廉："小的时候都是蝌蚪，长大了就有天壤之别了。一个爱跳跃，另一个爱爬。"

鸭子羽毛没有湿

你需要准备的材料：

☆ 一只小鸭子

☆ 一盆水

◎ **实验开始：**

1. 将小鸭子放在水中；

2. 让它游五分钟；

3. 五分钟后，将鸭子抱出来，观察它的羽毛。

◎有趣的发现：

从水中抱出来的鸭子的羽毛并不湿。

皮特："奇怪了，鸭子在水中待了那么长时间，怎么羽毛没有湿呢？"

威廉："会不会是羽毛把水吸干了啊？"

查尔斯大叔说："其实鸭子的身体外，有一层既厚又不易透水的羽毛。之所以能不透水，是因为它们经常用嘴往尾巴后面的尾脂腺上啄，以便啄出一些油脂，再将其梳理到羽毛表面，这样羽毛就不会透水了。"

鸭子是长期生活在水中的动物，因此它们的身体结构，就会有许多特别的地方，比如在它们体内很多地方都积存着许多保暖的脂肪。冬天陆地上的温度要比水里的温度低一些，所以鸭子待在水里反而更暖。况且鸭子经常会在水中划动，身体产生的热度还有一层厚羽毛包裹着，不容易散失热量，所以就比较不怕冷了。鸭子正常的体温通常保持在42℃左右，代谢水平也比较高。加上它们的胫骨凝固点很低，即使长期待在冰水里，脚也不怕被冻僵了。

皮特："我家的鸭子会游泳。"

威廉："哼，怎么可能，你没听过'旱鸭子'吗？"

艾米丽："呵呵，照你这么说，水牛必须在水里生活喽？"

鱼身上的黏液

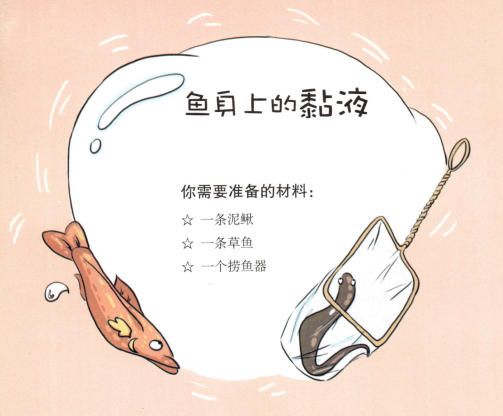

你需要准备的材料：

☆　一条泥鳅

☆　一条草鱼

☆　一个捞鱼器

◎ **实验开始：**

1．用捞鱼器从水缸中捞出一条泥鳅，摸摸它的身上；

2．再捞出一条草鱼，摸摸它的身上。

◎ 有趣的发现:

泥鳅和草鱼的身上都有一些黏黏的东西,用鼻子闻,会闻到一股腥腥的味道。

皮特问:"那些黏液是什么东西啊?"

威廉:"会不会是鱼的汗水啊?它们每天游来游去,怪累的。"

艾米丽:"胡说,才不是汗呢。"

查尔斯大叔说:"呵呵,其实鱼类的皮肤里有黏液腺,黏液腺会分泌出许多的黏液。这种黏液里有一种有腥味的东西,叫甲胺。甲胺很容易挥发到空气里,于是,人们就闻到了鱼的腥味。这种腥味其实就是黏液散发出来的。"

大部分的鱼，身上都包裹着坚硬的鳞片，但也有少数鱼，如黄鳝、泥鳅等，全身都布满黏糊糊的液体，并没有鳞片。这是因为，它们身上的鳞片已经退化，而直接暴露在外的皮肤中，有不少特殊的黏液腺，能分泌出大量的黏液，形成一个黏液层。鱼鳞对鱼有保护作用，黏液也有相似的功能。它虽然不能阻挡硬物的撞击，但可防止毒菌的侵袭，阻挡水中的有害物质从皮肤进入体内。其实，黏液的作用远远不止这些。有了黏液，鱼的皮肤就可以不透水，这对维持鱼体内渗透压的恒定有很大的好处。尤其是一些江河洄游的鱼类，身上有了黏液，它们就能适应水中盐分浓度的变化。黏液还可以减少水的摩擦力，帮助鱼游得更快更省力。由此看来，黏液是鱼的生活中不可缺少的"法宝"。

皮特："我又被鱼刺卡住了！"

艾米丽："你就不能小心一点？"

威廉："真是连猫都不如！人家也喜欢吃鱼，但从来不会被卡住。"

神奇的鱼鳞

你需要准备的材料：

☆ 一条大的草鱼

☆ 一条小的草鱼

◎ **实验开始：**

1．先观察大的草鱼身上的鳞片；

2．再观察小的草鱼身上的鳞片；

3．比较一下它们身上的鳞片。

A

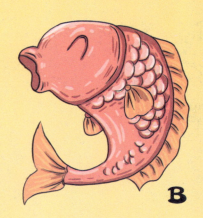

B

◎有趣的发现：

大的草鱼身上的鳞片都比较宽，而小的草鱼的鳞片比较窄。

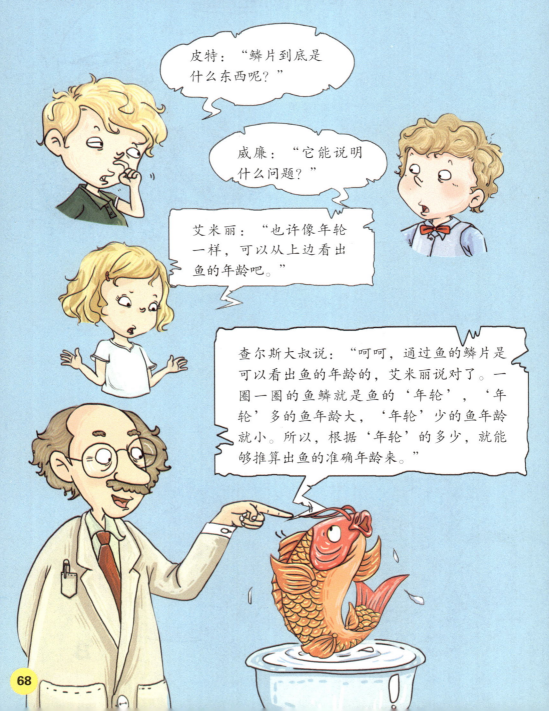

皮特："鳞片到底是什么东西呢？"

威廉："它能说明什么问题？"

艾米丽："也许像年轮一样，可以从上边看出鱼的年龄吧。"

查尔斯大叔说："呵呵，通过鱼的鳞片是可以看出鱼的年龄的，艾米丽说对了。一圈一圈的鱼鳞就是鱼的'年轮'，'年轮'多的鱼年龄大，'年轮'少的鱼年龄就小。所以，根据'年轮'的多少，就能够推算出鱼的准确年龄来。"

大部分鱼的全身都长满了鳞片，鳞片是由许多大小不同的薄片构成的。中间厚，边上薄，最上面的一层最小，但是最老，最下面的一层最大，也最年轻。鱼在一年四季的生长速度不同。通常，它们在春夏生长得快，秋季生长得慢，冬天则会停止生长。鳞片也是这样，春夏生成的部分较宽，秋季生成的部分较窄，冬天则停止生长。春夏生成的宽薄片排列稀疏，秋季生成的窄薄片排列紧密。

皮特："鱼老了真是受罪！"

艾米丽："怎么了？"

皮特："要背着那么多的鱼鳞游泳。"

威廉："要是没有那些鳞片的保护的话，估计它们都活不到那么老了。"

软软的蝌蚪

你需要准备的材料：

☆ 一只小蝌蚪

☆ 一把铅笔刀

◎ **实验开始：**

1．捉一只小蝌蚪；

2．用铅笔刀把小蝌蚪剖开；

3．把小蝌蚪的"黑衣裳"用刀剥开；

4．观察小蝌蚪有没有骨头。

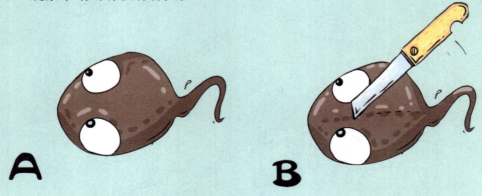

A　　　　B

◎有趣的发现：

你会发现，小蝌蚪肚子里的东西很多，但没有骨头，只是一层皮裹着肉。

皮特："青蛙有骨头，小蝌蚪也应该有骨头啊，因为它是青蛙的孩子嘛。"

威廉："是啊，到底怎么回事啊？"

艾米丽："它们游动时总是摇头摆尾的，显得非常柔软，为什么就没有骨头呢？鱼儿有骨头，你看它在水里不也游得摇头摆尾吗？"

查尔斯大叔说："呵呵，艾米丽观察得仔细。其实小蝌蚪的确是没有骨头的。这与它的生理特征有关系，刚出生的小蝌蚪身体很软，但它长大以后，慢慢地身体里的组织就开始变成骨头了。"

蝌蚪是蛙和蟾蜍刚孵化出来的幼体，它们没有四肢，只有一个占去身体一半大小的头和一条小尾巴，整个身体的颜色呈黑色或者黑灰色。大部分的蝌蚪都主要以水中的藻类为食，但它们偶尔也会成群地啃食水中那些昆虫和小动物的尸体。还有一些种类的小蝌蚪以过滤水中的浮游生物为食。如果没有食物来源的话，还会出现大蝌蚪吃小蝌蚪的现象。

总体来说，小蝌蚪们是不挑食的，无论是面包屑、肉末，还是各种昆虫、水草等，都可以将它们养活。你一定也觉得，这群可爱的小生灵们的生命力很强呢！

皮特："他们都说我是癞蛤蟆。"

艾米丽："你不是！"

威廉："对，你是青蛙。"

蚂蚱的复眼

你需要准备的材料：

☆ 一只活蚂蚱

☆ 一个纸盒

☆ 一瓶墨汁

☆ 一卷胶带

◎ **实验开始：**

1. 在纸盒的一侧开一个比蚂蚱略大些的洞；

2. 然后用墨汁将纸盒的内壁全部涂黑；

3. 剪两块胶布，将蚂蚱的两只大眼睛贴牢；

4. 把它放入纸盒里，盖紧盒子；

5. 观察它能否能从盒子中爬出；

6. 剪一条狭长的胶布，将蚂蚱两眼之间的三个小小隆起处贴住，再放回盒内；

7. 观察它能否再次从盒子中爬出。

◎ 有趣的发现：

第一次蚂蚱可以爬出来，第二次就爬不出来了。

皮特问："这是怎么回事呢？"

威廉："好奇怪呀，为什么第二次它就爬不出来了？"

艾米丽："我想应该和那三个小的隆起有关系。"

查尔斯大叔说："蚂蚱头部的两只大眼睛是由许多小眼组成的，称作复眼。复眼的好处就是准确定位运动着的物体，因此复眼是蚂蚱的主要视觉器官。两只复眼之间的三个隆起部分是它的单眼，单眼是辅助视觉器官，它们的功能是辨别光线的明暗。因此，即便封住复眼，蚂蚱还能靠单眼来辨别明暗，找到小洞。而当把单眼也遮住，蚂蚱的视觉完全丧失，就找不到小洞了。"

蚂蚱的生命力非常顽强，它们是蝗虫的幼虫，在各种各样的环境中都能看到它们那频频跳跃的身姿。无论是山林中，还是在草原地区，都是它们大量繁殖生存的地方。蚂蚱是一种害虫，它们经常会啃食人们辛苦耕耘出的庄稼，在严重干旱、缺少食物来源时，它们甚至会成群出动，造成蝗灾，使农业遭受到极大的损失。

　　还有一种昆虫，也常常被中国北方地区的人们叫作蚂蚱，但它们可不是蝗虫的幼虫哦，它们又叫草蜢或蚱蜢，大家千万不要弄混了。

皮特："我要是有那么多眼睛就好了。"

艾米丽："是啊，或许那样就不会近视了。"

威廉："别做梦了，像他那么爱玩游戏，再多的眼睛也没用！"

嗡嗡的蜜蜂

你需要准备的材料：

☆ 两只蜜蜂

☆ 一瓶胶水

☆ 一把小剪刀

☆ 一个玻璃瓶

☆ 一块木板

◎ **实验开始：**

1. 把一只蜜蜂的翅膀用胶水粘在木板上；

2. 听一下蜜蜂是否会发出嗡嗡声；

3. 把另一只蜜蜂的翅膀剪掉，听一下是否还有嗡嗡声；

4. 把它们放进玻璃瓶中，听一下还有没有嗡嗡的声音。

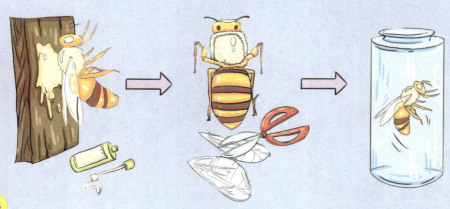

◎ 有趣的发现：

第一次开始时没有声音，可是过了一会儿，蜜蜂又慢慢地发出了嗡嗡的声音；第二次蜜蜂照样能发出声音；第三次也一样。

皮特问："为什么用胶水粘住蜜蜂的翅膀后还能听到声音呢？"

威廉："奇怪啊，难道蜜蜂不是用翅膀发声吗？"

艾米丽："大叔，嗡嗡的声音到底是哪里来的啊？"

查尔斯大叔说："呵呵，蜜蜂其实不是用翅膀发声的。在蜜蜂双翅的翅根旁各有一个比油菜籽还要小的黑点，而实验中的声音就出自这两个小黑点。如果把这两个小黑点弄破的话，它们就不会发声了。"

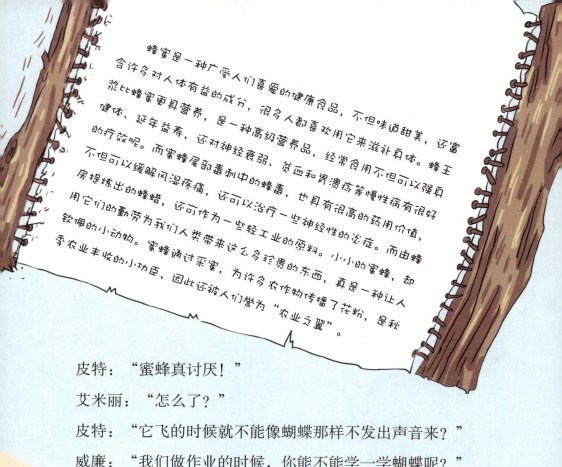

蜂蜜是一种广受人们喜爱的健康食品，不但味道甜美，还富含许多对人体有益的成分，很多人都喜欢用它来滋补身体。蜂王浆比蜂蜜更具营养，是一种高级营养品，经常食用不但可以强身健体、延年益寿，还对神经衰弱、贫血和胃溃疡等慢性病有很好的疗效呢。而蜜蜂尾部毒刺中的蜂毒，也具有很高的药用价值，不但可以缓解风湿疼痛，还可以治疗一些神经性的炎症。而由蜂房提炼出的蜂蜡，还可作为一些轻工业上的原料。小小的蜜蜂，却用它们的勤劳为我们人类带来这么多珍贵的东西，真是一种让人钦佩的小动物。蜜蜂通过采蜜，为许多农作物传播了花粉，是秋季农业丰收的小功臣，因此还被人们誉为"农业之翼"。

皮特："蜜蜂真讨厌！"

艾米丽："怎么了？"

皮特："它飞的时候就不能像蝴蝶那样不发出声音来？"

威廉："我们做作业的时候，你能不能学一学蝴蝶呢？"

螳螂的眼睛变颜色了

你需要准备的材料：

☆ 一只螳螂

☆ 一个不透明的袋子

◎ **实验开始：**

1．白天光线充足的时候，观察螳螂眼睛的颜色；

2．把它放到不透明的袋子里面，过一会儿拿出来再观察它眼睛的颜色；

3．比较两次眼睛的颜色。

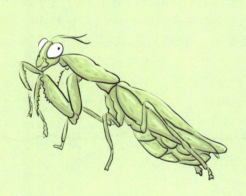

◎有趣的发现：

白天螳螂的眼睛是透明的；装在袋子里过会儿再取出来后，螳螂的眼睛竟然变成了棕黑色；几分钟后它又变得明亮了。

皮特："奇怪啊，怎么回事呢？"

威廉："它怎么老变来变去的啊？"

艾米丽："这应该和光线有关系吧。"

查尔斯大叔说："是啊，眼睛对于动物来说，是一个非常重要的组成部分。因此许多动物为了能够在激烈的竞争中生存下来，就进化出成千上万只小单眼，由这些小单眼组成的眼睛叫作复眼。这样的眼睛有利于它们捕食，接受外界信息。在白天时，为了减少进入瞳孔的光线，螳螂所有单眼的瞳孔都会缩小，黑色的瞳孔也跟着变小，螳螂的眼睛就变成透明的了。而到了塑料袋中，为了能看清周围的环境，每一个单眼都需要接受更多的光线，于是所有单眼的瞳孔就会放大，这样，螳螂的每一只单眼都是黑色的，整个复眼看起来也就是棕黑色的了。"

科学家们在受到动物复眼的启发之后，发明了许多更加精密的仪器。比如，雷达就是模拟螳螂的复眼制造的；模仿其他昆虫的复眼而制成"偏振光天文罗盘"，使得轮船在海上的导航系统更加精确。甚至还创造出一种复眼照相机，一次性就能拍摄上千张高清晰的照片。

皮特："当螳螂真好。"

艾米丽："为什么？"

威廉："它的眼睛太神奇了，会变颜色呢！"

蚂蚱的鼻子在哪

你需要准备的材料：

☆ 一个装满水的瓶子

☆ 一只蚂蚱

◎ **实验开始：**

1. 先把蚂蚱的头浸入水里几分钟，观察它的反应；

2. 把蚂蚱的尾部浸入水中几分钟，观察它的反应；

3. 接着把蚂蚱的腹部也浸到水里，观察它的反应。

◎有趣的发现：

前两次，蚂蚱都没有反应，似乎一点也不担心。可把它的腹部浸入水中后，它就开始腿乱蹬，翅膀乱抖，嘴里还直吐泡泡，一副难受的模样。

皮特："蚂蚱的呼吸器官不是应该在头上吗？"

威廉："是啊，好奇怪，你说呢。"

艾米丽："我猜可能是在腹部，不然蚂蚱为什么会那么难受呢。"

查尔斯大叔说："呵呵，还是艾米丽说得对。蚂蚱的呼吸的确很与众不同。它的鼻子并不在它的头上，而是在它的腹部。这种呼吸系统更加适合蚂蚱，因为它的气管遍布它的整个身体，鼻子长在腹部的话，就可以使空气通过这些气管直接输送到蚂蚱全身各个组织和细胞中。这些气管有大有小，一般氧气先经过大气管，然后才被输送到各个小分支中。"

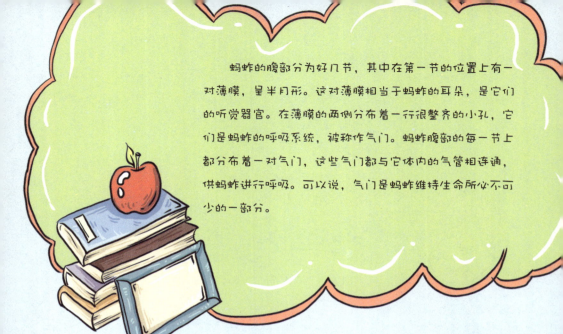

蚂蚱的腹部分为好几节，其中在第一节的位置上有一对薄膜，呈半月形。这对薄膜相当于蚂蚱的耳朵，是它们的听觉器官。在薄膜的两侧分布着一行很整齐的小孔，它们是蚂蚱的呼吸系统，被称作气门。蚂蚱腹部的每一节上都分布着一对气门，这些气门都与它体内的气管相连通，供蚂蚱进行呼吸。可以说，气门是蚂蚱维持生命所必不可少的一部分。

皮特："要是我有蚂蚱的鼻子就好了。"

艾米丽："为什么？"

威廉："那样就不用担心感冒引起的鼻塞了！"

皮特："恩恩，还是威廉了解我。"

看，青虫在装死

你需要准备的材料：

☆ 一只青虫

◎ **实验开始：**

1. 在菜地中找到一只青虫；

2. 用手碰一下它；

3. 观察青虫的反应。

◎有趣的发现：

你还未碰到它，它就滚落到菜心里去了。扒开菜心看，它蜷成一团，一动也不动，就像死了一样。

皮特问："青虫真的死了吗？"

艾米丽："它肯定是装死的，只是轻轻碰了它一下而已。"

威廉："怎么一动不动啊？"

查尔斯大叔说："呵呵，青虫是在装死，因为如果青虫真的死了的话，身体一定会舒展开。而你们看，这条青虫的身体还蜷缩成一团，显然是在装死。其实，昆虫的这种装死的行为，是它们在进化过程中所形成的一种自我保护机制。当它们周围的光线或是气流发生变化时，它们的感觉神经就会立即向全身发出信号，使全身的肌肉收缩起来，蜷缩成一团，并找准时机向安全的地方滚落。"

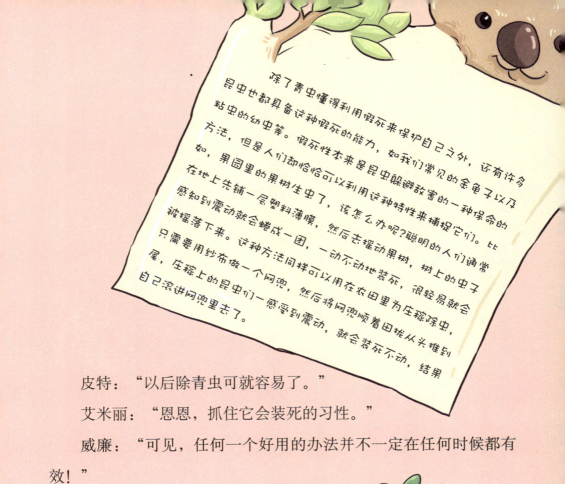

除了青虫懂得利用假死来保护自己之外，还有许多昆虫也都具备这种假死来保护自己之外，还有许多昆虫也都具备这种假死的能力，如我们常见的金龟子以及粘虫的幼虫等。假死性本来是昆虫躲避敌害的一种保命的方法，但是人们却恰恰可以利用这种特性来捕捉它们。比如，果园里的果树生虫了，该怎么办呢？聪明的人们通常在地上先铺一层塑料薄膜，然后去摇动果树，树上的虫子感知到震动就会蜷成一团，一动不动地装死，很轻易就会被摇落下来。这种方法同样可以用在农田里为庄稼除虫，只需要用纱布做一个网兜，然后将网兜顺着田垄从头推到尾，庄稼上的昆虫们一感受到震动，就会装死不动，结果自己滚进网兜里去了。

皮特："以后除青虫可就容易了。"

艾米丽："恩恩，抓住它会装死的习性。"

威廉："可见，任何一个好用的办法并不一定在任何时候都有效！"

饿不死的蚌

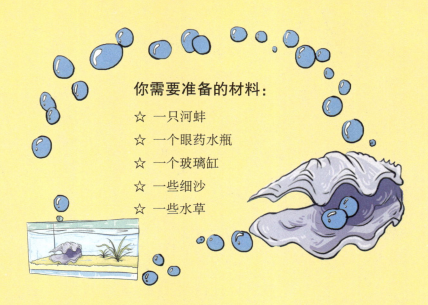

你需要准备的材料：

☆ 一只河蚌

☆ 一个眼药水瓶

☆ 一个玻璃缸

☆ 一些细沙

☆ 一些水草

◎实验开始：

1. 在玻璃缸里铺上一层细沙，植入水草；

2. 倒入大半缸水，将河蚌放入；

3. 将红墨水倒一点在去盖的眼药水瓶里；

4. 轻轻将眼药水瓶放入蚌壳开缝处的旁边，仔细观察。

◎ 有趣的发现：

蚌将壳微微张开一条缝，但见不到它大口吞食的情景。眼药水瓶渗出的红墨水被蚌吸入体内，再等一会儿，红墨水又流了出来。

皮特："河蚌好像不吃东西啊！"

威廉："是啊，红墨水怎么又流出来了呢？"

艾米丽："还是问问查尔斯大叔吧。"

查尔斯大叔说："如果仔细观察蚌后缘的张开处，会发现有两个上下并列的小孔，而红墨水就是通过下面的小孔进入体内再从上面的孔流出来的。蚌的鳃、触唇、外套膜上都长着短而细密的纤毛，这些纤毛能像船桨一样搅动四周的水流，微生物也就随着水流被送进壳内。而且河蚌是软体动物，特别耐饿，长期不吃东西也不会饿死。"

河蚌是贝壳类水生动物中比较常见的一种，在我国许多地区的河里或者湖里，都能找到它们。它们一般是通过滤食水中的藻类植物来获取食物来源的，有角背无齿蚌、褶纹冠蚌和三角帆蚌等都是比较常见的蚌类。河蚌的肉质又脆又嫩，鲜美可口，是人们非常喜欢食用的一种水产品。

皮特："我要是河蚌就好了。"

艾米丽："为什么？"

威廉："哈哈，那样的话，就算他长期不吃东西也不会饿死！"

纸片诱蝶

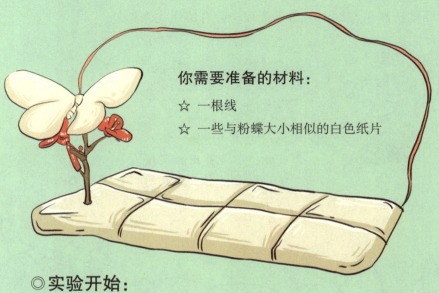

你需要准备的材料：

☆ 一根线

☆ 一些与粉蝶大小相似的白色纸片

◎ **实验开始：**

1. 找一个菜园；

2. 观察飞舞的菜粉蝶；

3. 把与粉蝶大小相似的白色纸片用线吊住；

4. 不断地挥舞几分钟。

◎ 有趣的发现：

菜园里有许多菜粉蝶在飞舞，而且雄蝶一看到雌蝶就会飞过去与雌蝶会合，这时雌蝶会马上飞起，雄蝶紧紧追随，一前一后，或上或下，翩翩起舞。不断地挥舞吊在线上的白色纸片，会有雄蝶飞来追赶。

皮特问："菜粉蝶为什么会飞来飞去啊？"

威廉："多美丽的菜粉蝶，你看，它来追我的纸片了。"

艾米丽："怎么回事啊？它们在干什么？"

查尔斯大叔说："其实，它们是在交配。春天正是菜粉蝶交配的季节，在阳光明媚的时候，菜粉蝶的交配欲望最浓。它看到你们线上面吊着的纸片，误以为是雌粉蝶，然后就扑过来了。"

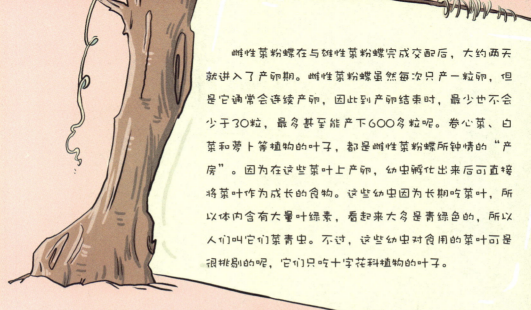

　　雌性菜粉蝶在与雄性菜粉蝶完成交配后，大约两天就进入了产卵期。雌性菜粉蝶虽然每次只产一粒卵，但是它通常会连续产卵，因此到产卵结束时，最少也不会少于30粒，最多甚至能产下600多粒呢。卷心菜、白菜和萝卜等植物的叶子，都是雌性菜粉蝶所钟情的"产房"。因为在这些菜叶上产卵，幼虫孵化出来后可直接将菜叶作为成长的食物。这些幼虫因为长期吃菜叶，所以体内含有大量叶绿素，看起来大多是青绿色的，所以人们叫它们菜青虫。不过，这些幼虫对食用的菜叶可是很挑剔的呢，它们只吃十字花科植物的叶子。

皮特："我喜欢收集蝴蝶标本。"

艾米丽："那就多多收集！"

皮特："可我抓不到蝴蝶。"

威廉："你可以用纸片引来蝴蝶呀！"

不受伤的蜗牛

你需要准备的材料:

☆ 一只蜗牛

☆ 一个刮脸刀片

◎ **实验开始:**

1. 到菜园找一只蜗牛;

2. 找到后将蜗牛放在刮脸刀片的刀刃上面;

3. 看它会被划伤吗?

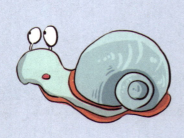

◎ 有趣的发现：

你会发现，蜗牛在刀片上可以自如行走，没有被锋利的刀片划伤。

皮特："太了不起了，居然没有被刮伤！"

威廉："蜗牛真是太厉害了！"

艾米丽："怎么回事呢？"

查尔斯大叔说："蜗牛对外界的刺激非常敏感，一旦它察觉到敌害的侵扰时，就会迅速地将头部和足部缩进背上的壳里，并分泌大量的黏液来封住壳口。这种黏液非常的厉害，如果蜗牛的外壳遭到了损害，这种黏液中的一些成分还能起到修复肉体和外壳的作用呢。当蜗牛爬行在刀片上时，察觉到危险的它会不时地伸缩试探，因此会分泌出大量的黏液，就是这些黏液使它即使走在刀刃上也不会受伤。"

蜗牛是一种生活在陆地上的腹足纲类软体动物，它们的种类有很多，全球各地都有着它们的踪迹，分布范围很广。据生物学家统计，全世界的蜗牛种类大约有四万种。基本上，我国的每个省区都分布有蜗牛，高山、森林、灌木丛、果园、菜园和庭院等都是它们的栖息地。有一些种类的蜗牛不仅可以供人们食用，还具有一定的药用价值，因此它们日益受到人们的重视。蜗牛的肉质细腻，味道鲜美，蛋白含量很高，脂肪和胆固醇的含量却很低，并且还富含20多种氨基酸，是一种营养十分丰富的高档滋补品。

皮特："艾米丽，奇幻小说里说有人可以上刀山，真的好厉害哦！"

艾米丽："那在现实生活中是不存在的！"

威廉："才不是呢，我家的蜗牛就行！"

为什么鸟不长牙齿

你需要准备的材料：

☆ 一袋鸟食

◎ **实验开始：**

1．找一个花鸟市场；

2．选择一种鸟，然后把鸟食喂给它们；

3．在它们进食的时候，观察它们有没有牙齿。

◎ 有趣的发现：

鸟没有牙齿。

皮特好奇地问："为什么鸟没有牙齿呢？"

艾米丽也问："难道它们不需要把食物咬烂吗？"

查尔斯大叔说："呵呵，其实鸟的食道中有一个膨胀较大的部分，叫作"嗉囊"。鸟吃下去的东西并不急着进入胃里，而是会被暂时贮存在嗉囊里。鸟类的胃分为前后两个部分，前半部分叫作前胃，后半部分叫作砂囊。鸟吃下去的小石子和小沙粒都在砂囊里。食物进入砂囊后，被这里的小砂子磨碎，然后再被推回前胃进行消化、吸收。所以，鸟类的砂囊能够代替牙齿，它们就没有再长牙齿的必要了！"

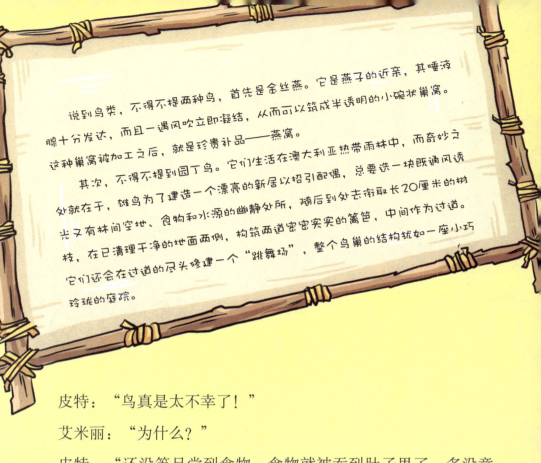

说到鸟类，不得不提两种鸟，首先是金丝燕。它是燕子的近亲，其唾液腺十分发达，而且一遇风吹立即凝结，从而可以筑成半透明的小碗状巢窝。这种巢窝被加工之后，就是珍贵补品——燕窝。

其次，不得不提到园丁鸟。它们生活在澳大利亚热带雨林中，而奇妙之处就在于，雄鸟为了建造一个漂亮的新居以招引配偶，总要选一块既通风透光又有林间空地、食物和水源的幽静处所，随后到处去衔取长20厘米的树枝，在已清理干净的地面两侧，构筑两道密密实实的篱笆，中间作为过道。它们还会在过道的尽头修建一个"跳舞场"，整个鸟巢的结构犹如一座小巧玲珑的庭院。

皮特："鸟真是太不幸了！"

艾米丽："为什么？"

皮特："还没等品尝到食物，食物就被吞到肚子里了，多没意思。"

查尔斯大叔："哈哈，或许这对鸟来说已经足够了。"

青蛙的眼睛

你需要准备的材料：

☆ 一只青蛙

☆ 几条死去的虫子

◎ **实验开始：**

1. 将死去的虫子放在青蛙眼前；

2. 观察青蛙会不会把死虫子吃掉。

◎有趣的发现：

青蛙并没有吃掉虫子，它好像根本没看见虫子。

皮特好奇地问："为什么会这样？"

艾米丽："或许是青蛙不吃死虫子的缘故吧。"

查尔斯大叔说："呵呵，艾米丽这回说错了，青蛙是很爱吃虫子的，不管是死的还是活的。它之所以没有吃死去的虫子，关键在于它的眼睛。因为青蛙眼球的调节能力比较差，使得它对活的东西敏感，但却很难发觉不动的东西。由于死虫子不会动，所以即使它在青蛙面前，青蛙也看不见，更别说去吃它了。"

青蛙有一对鼓鼓的大眼睛，然而这对大眼睛是中看不中用的。现代动物官能研究的重大成就之一，就是发现了青蛙的眼睛看到的世界和我们看到的完全不一样。凡是自然界静止的东西，如山脉、房子、树木，还有运动得有规律的东西，如云彩，在微风中摇摆的草，池塘里的水波，青蛙都是看不见的。它们的脑子太小，且缺少必要的神经，无法反映这样的图像。因此，青蛙的眼里没有五彩缤纷的景色，只有一片灰黑。

青蛙只能看见生活中最重要的东西，那就是猎物、敌人和配偶，因为这三者与它的生存息息相关。但即使是这些影像，在青蛙的眼里也是相当模糊的。配偶的形象在青蛙的眼里也是相当模糊，所以它没有眼福欣赏配偶的姿容，只能看到配偶是和自己一样大小的东西。有时当雌蛙跳近后，雄蛙会激动得认错对象，以致将一段木头、一块泥土当成自己的配偶。

艾米丽："青蛙的那双大眼睛真是漂亮啊。"

皮特："漂亮有什么用，一点不顶用。"

查尔斯大叔："是啊，凡事都有两面性的。"

神奇的鸽子

你需要准备的材料：

☆ 一只家养的鸽子

☆ 几个相同的鸽子屋

◎**实验开始：**

1．把准备的鸽子屋与实验用的鸽子的鸽子屋混在一块，颠倒它们的位置并保持一定的距离；

2．观察鸽子飞回来的时候能否准确地找到它原来的鸽子屋。

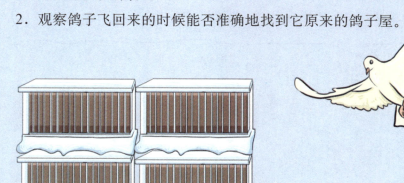

◎有趣的发现：

不管如何变化位置，鸽子都会在飞回来的一瞬间落回它原来的屋里。

皮特好奇地问："为什么会这样？"

艾米丽："会不会是通过气味来识别的？"

查尔斯大叔说："不，它在飞回来的一瞬间根本嗅不到鸽子屋的味道。它之所以能辨别出真正属于自己的屋子，是因为它有较强的定位能力。它对鸽舍的定位是相当精准的，无论鸽舍有多少个，每个鸽舍的形状有多相像，鸽子总能准确地找到自己的巢。有人做过试验，将鸽舍移动到15千米外的地方，鸽子仍可飞回舍内。"

鸽子有较强的记忆力，一般可保持两年以上。它对配偶的记忆力也较强，通常至少要在哺育了一窝仔鸽之后，才能完全忘记原配偶。

鸽子喜欢熟悉的东西，厌恶生疏的东西。它们可任由主人走近，但非常害怕陌生的人和狗。鸽子的适应能力也很强，比如在喂食时主人总发出一种声响，一段时间后，鸽子听到这种声音，就会很快聚拢来吃食。

鸽子也具有很强的返家能力，一些鸽子能从1500千米甚至更远处准确无误地返回到家里。而这也是进化的结果。因为只有那些定向力和归巢欲最强、飞翔最快的鸟才能因为找到家而生存下来，再加上人们对家鸽在这方面的人为训练，使它们在这方面的能力得到了更高的发展。

皮特："我家的鸽子死了。"

查尔斯大叔："怎么死的？"

艾米丽："这还用说！皮特一天到晚不仅自己吃个不停，还不断地喂鸽子，终于把鸽子给撑死了。"

查尔斯大叔："喔……皮特，你……。"

充满潜力的狗狗

你需要准备的材料：

☆ 一只飞盘

☆ 一只狗

◎实验开始：

1．在安静的环境内，将飞盘持于右手，对狗发出"衔"的口令，并将所持物品在狗面前摇晃；

2．当狗衔住了物品后，立即抚摸以示鼓励；

3．接着发"吐"的口令，当狗吐出物品后，立即喂狗一块可口的食物；

4．经多次训练后，逐渐减去摇晃物品的引诱动作，使狗完全根据口令衔、吐物品；

5．当着狗的面将该物品抛至10米左右的地方，再以右手指向物品，发出"衔"的口令和手势，令狗前去衔取；

6．如狗不去则应牵引狗前去，并指向物品重复口令，当狗衔住物品后就发"回来"的口令，令狗将物品衔回来，并发"好"的口令，抚摸奖赏它；

7．随后发"吐"的口令，当狗吐出物品后立即给予奖励；

8．反复训练后，等到狗能衔取抛至10米远处的飞盘时，可以进一步训练狗在空中叼飞盘的技能。

◎**有趣的发现：**

经过不断的训练，狗最终学会了空中叼飞盘的技能。

皮特好奇地问："为什么会这样？"

艾米丽："好聪明的狗狗，似乎比威廉还聪明，哈哈。"

查尔斯大叔说："哈哈，我们还是别取笑威廉了。其实，任何动物都有条件反射活动。犬是世界上最聪明的动物之一，又是最能与人建立感情的动物。所以犬与人之间通过条件反射活动可以逐步建立一些信号和动作的联系。"

除了训练狗叼飞盘的能力外，我们还可以让它们掌握"握手"的技能。具体做法可以是这样的：命令狗坐下，拿食物引诱狗，它想吃食物又吃不到时便会伸出前爪过来扒主人的手，此时立即给予"握手"的口令，然后握住狗的前爪，并给予食物奖赏和抚摸。经多次训练后狗狗便能学会跟主人"握手"。

艾米丽："你们知道狗和猫为什么总是打架吗？"

查尔斯大叔："为什么啊？"

威廉："我知道。因为皮特经常把狗狗爱吃的肉拿去喂猫了。"

为什么鸡要吃石子

你需要准备的材料:

☆ 几只鸡

☆ 一盒小石子

小石子

◎ **实验开始:**

1. 把小石子撒在鸡的面前;

2. 观察鸡是否会吃小石子。

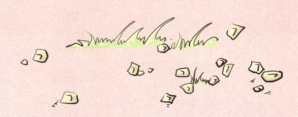

◎**有趣的发现：**

不一会儿，鸡就把小石子吃掉了一部分。

皮特好奇地问："为什么会这样？"

艾米丽："是啊，吃石子消化不了会不会生病？"

威廉："我看它们迟早会得结石。"

查尔斯大叔说："哈哈，威廉你就不要开玩笑了。其实，鸡和其他鸟类一样，没有牙齿。没被嚼碎的食物被鸡吞下后，先经过食道进入嗉囊，也就是我们常说的鸡嗉子，在里面停留一段时间，经过各种消化液的作用，食物就会变得比较软了。变软的食物接着会到达砂囊。砂囊俗称鸡肫，是鸡进行消化的地方。鸡肫十分坚韧，内有一层黄色的角质皮。鸡吃进的掺着沙粒的食物在鸡肫里开始消化。鸡肫的肌肉通过强有力的收缩，使沙粒摩擦食物，进而将吃进肚里的米粒、谷物磨碎，以便彻底消化吸收。所以鸡吃小石子其实是为了促进消化。"

大家都知道公鸡会在每天清晨准时打鸣，这是为什么呢？难道真的是在叫人们起床吗？其实这只是公鸡的一种正常生理反应，公鸡的大脑中有一个叫作松果体的组织，这个组织能够分泌出一种叫作褪黑素的物质。褪黑素一般都是在夜间公鸡熟睡的时候分泌的，一旦旭日东升，光线射入公鸡的眼睛里，这种褪黑素的分泌就会终止，公鸡就会自发地舒展自己那嘹亮的歌喉，唱起歌来。因此，每当第一缕阳光射向大地的时候，人们都能听到公鸡"喔喔"的打鸣声，就知道新的一天开始了，该起床劳作了。当然，公鸡的打鸣声还有其他一些作用，比方说提醒其他成员自己至高无上的地位，向其他公鸡发出警报，让它们远离自己的"家眷"。

皮特："我只有在公鸡打鸣的时候才能准时起床。"

查尔斯大叔："为什么？"

皮特："我也不知道，如果是闹铃的话，我会把它关掉！"

威廉："我说怎么你家的公鸡每天叫那么长时间。"

艾米丽："哎，真是苦了这只鸡了。"

爱伸舌头的狗狗

你需要准备的材料:

☆ 一只狗狗

◎ **实验开始:**

1. 让狗狗处在闷热的环境中;

2. 观察狗狗会不会吐舌头。

狗狗不断地吐着舌头，好像很痛苦的样子。

皮特好奇地问："为什么会这样？"

威廉："这还用问，肯定是像我一样不喜欢夏天呗！"

查尔斯大叔说："哈哈，威廉总是这么有趣。其实，狗狗是很喜欢夏天的。它之所以在炎热的环境中会不断地吐舌头，是因为它的身上没有汗腺，只能依靠伸出的舌头来排汗。其实，即使不在夏天，狗在奔跑之后也经常伸出舌头，通过舌头'出汗'来调节体温。"

大自然中本来没有狗，它们的祖先是灰狼，是由大约3万年前的早期人类驯化而来的。狗是人类最早驯化成功的动物，性格憨厚忠诚，因此被人们赞誉为"人类最忠实的朋友"。在中国文化中，狗是十二生肖之一。狗的嗅觉非常灵敏，在它们的鼻子中大约有3亿多个嗅觉细胞，比人类的嗅觉细胞多出300倍，能分辨出好几百万种不同的气味。狗的听觉也很灵敏，每当它们竖起自己的耳朵，就可以很清晰地分辨出声音的细微差别和来源，这种听觉敏感度是人类的17倍。因此不要经常对狗大喊大叫，这种高音会过度刺激它们的听觉神经，并使它们感到惊恐无措。狗的警觉性也很高，即使在夜间睡觉时，也时刻都保持着高度的警惕，一点风吹草动都会惊动它们，因此它们还是人类的优秀守卫者。狗很通人性，如果人们用固定的口令和简单的语言反复训练它们，它们就会在日后对这些口令做出相应的条件反射。

皮特："我讨厌夏天是有原因的。"

艾米丽："什么原因？"

皮特："我心疼狗狗，它伸出舌头喘气的样子太可怜了。"

查尔斯大叔："哈哈，这就不用你来操心了，它们这是在散热呢！"

114

会变的猫眼睛

你需要准备的材料：

☆ 一只猫

☆ 一只手表

今日天气
17~23℃

◎ 实验开始：

1. 用表定好闹钟；

2. 通过闹钟提醒自己在早中晚固定的时间内观察猫眼睛的变化。

◎ 有趣的发现：

猫的眼睛在早晨、中午、晚上各有不同。

皮特好奇地问："为什么会这样？"

威廉："会不会是温度不同造成的？"

查尔斯大叔说："威廉，虽然你说得不对，但这种乐于思考的精神是值得表扬的。其实，这主要是因为猫的瞳孔很大，而且瞳孔括约肌的收缩能力也特别强。猫可以在不同的光线下，很好地调节与之相适应的瞳孔形状。在早晨中等强度阳光的照射下，它的瞳孔会形成枣核般的样子；在中午强烈的阳光的照射下，它的瞳孔可以缩得很小，像一根线那样；在晚上昏暗的情况下，猫的瞳孔可以开放得像满月那样。由于猫的瞳孔具有良好的收缩能力，对光线的反映十分灵敏，所以，猫在光线很强或很弱的环境中都能清楚地看到东西。"

或许很多人都会觉得猫的尾巴是没有任何作用的，殊不知，当猫从高处跳下的时候，要靠尾巴来调整平衡，使带软垫的四肢着地。因此请不要拽猫的尾巴。

而且，我们都知道猫在夜晚的视力最好，这是因为到了夜间，它们的瞳孔就能极大地散开，以使更多的光进到眼中，这样就能通过光折射的原理看见人类看不见的东西。然而，在完全没有光线的地方，灵敏的猫眼睛也看不见东西。但是只要有微弱的光线，猫的眼睛就能立即将光线放大50倍，清楚地看见东西。这种奇妙的光线折射方法，对于数千年前习惯夜行的猫的祖先是非常重要的。猫的舌头上有许多粗糙的小突起，这是除去脏污最合适不过的工具。在主人抚摩猫以后，猫会舔自己被抚摩的地方，这是猫在记忆人的味道，因为它担心与主人分开后找不到主人，而不是像许多人想象的那样是为了除掉身上的脏东西。

皮特："我家的猫真是讨厌。"

艾米丽："怎么这样说呢？"

威廉："他啊，以为猫是嫌弃他呢，因为每次他去摸小猫后，小猫都会把那个地方使劲地舔。"

艾米丽大笑起来："哈哈！"

大耳朵的猪

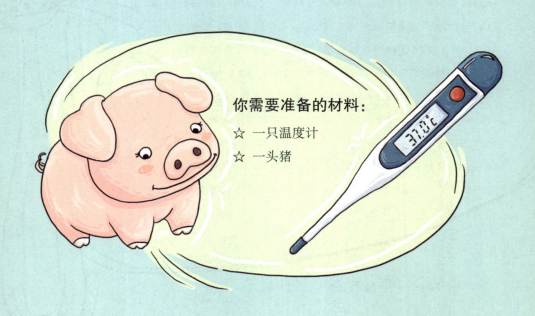

你需要准备的材料：

☆ 一只温度计
☆ 一头猪

◎ **实验开始：**

1．用温度计测量猪耳朵的温度；

2．再用温度计测量猪其他部位的温度。

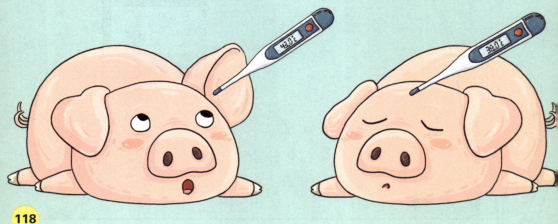

◎ 有趣的发现：

猪耳朵的温度最高。

皮特好奇地问："为什么会这样？"

艾米丽："会不会是跟人一样太害羞的缘故呢？"

查尔斯大叔说："呵呵，可爱的艾米丽，猪才不会害羞呢。其实，猪耳朵之所以那么大，是因为它是猪用来散热的器官，就像大象的耳朵一样。它们的大耳朵上分布着无数的血管，这样在炎热的环境中就能最有效地散热，而不至于生病。"

别看猪长得胖胖的，平日里懒懒的，其实它们很聪明。它们学习和掌握各种技巧动作的时间不但比狗用的时间要短得多，并且样式也多得多。经过专门训练的猪，不但能够直立起来跳舞和推小车，还能按节奏打鼓、在水里游泳等。美国的一些庄园主，还用猪来代替狗担任警卫工作，它们不但能够保卫庄园的土地，还能看守池塘，避免水蛇咬伤在池塘边饮水的牛。经过科学家们的反复试验发现，猪之所以能够防蛇，是因为它们身上那层厚厚的脂肪，能够有效地防止蛇毒进入血管，并能中和蛇毒。

猪嗅觉系统也很发达，法国一些地区的农民，会利用猪嗅觉来帮忙寻找一种深埋于地下，并且价格非常昂贵的食用菌类——黑块菌。对于寻找这种生长在地下30多厘米深的菌类，狗的能力明显较猪略逊一筹，并且训练过程也比训练猪要困难得多。如果间隔几天不带狗去搜寻，它就会忘记黑块菌的味道；但即使每星期只带猪去搜寻一次，它也不会忘记。有的猪甚至还能通过灵敏的鼻子，嗅出埋在地下的地雷呢。

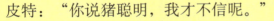

皮特：“你说猪聪明，我才不信呢。”

艾米丽：“为什么？”

皮特：“人们在说别人不聪明的时候，不都拿猪说事吗？”

威廉：“哈哈，其实那是因为人们不了解猪的这些能力。”